科学のアルバム

サケのたんじょう

桜井淳史

あかね書房

もくじ

構成協力●山下宣信
イラスト●レバック
渡辺洋二
林 四郎
装丁●画工舎

科学のアルバム

サケのたんじょう

桜井淳史（さくらい　あつし）

一九四六年、東京都に生まれる。

一九七〇年、東京水産《すいさん》大学（現東京海洋大学）大学院修士課程《しゅうしかてい》を修了《しゅうりょう》。

その後、フリーの写真家として、海や川、池沼の生物を中心に撮影《さつえい》をすすめ、月刊誌、学習雑誌《ざっし》、子ども向けの本などで、それらの生活を紹介《しょうかい》している。

著書《ちょしょ》に「カニのくらし」（あかね書房）、「サワガニ」「アマガエル」（共に偕成社）、「巣《す》をつくるサカナ」（新日本出版社）、「イワナ・ヤマメ・アユ清流《せいりゅう》に躍《おど》る」「サケ―母なる川に帰る」（共に平凡社）、「魚、淡水編《たんすいへん》」（山と渓谷社）、「北の清流」（講談社）、「シクリッドの世界」（緑書房）他がある。

なん千《ぜん》キロもの旅《たび》をして、
生《う》まれた川《かわ》に
ふたたび帰《かえ》ってくるサケ。
なんのために、
遠《とお》い海《うみ》へ行《い》くのでしょう。
なぜ、生《う》まれた川《かわ》に
もどってくるのでしょう。

卵《たまご》の中《なか》から出《で》るサケの稚魚《ちぎょ》。体長約《たいちょうやく》3 cm。稚魚《ちぎょ》は，頭《あたま》の後《うし》ろから，卵《たまご》のからをやわらかくする酵素《こうそ》を出《だ》します。そのため，からをかんたんにやぶることができるのです。

産卵後約《さんらんごやく》1か月《げつ》たつと，卵《たまご》の中《なか》に，黒《くろ》い目《め》がみえてきます。

雪《ゆき》にとざされた川《かわ》の上流《じょうりゅう》。サケの稚魚《ちぎょ》は，11月《がつ》～2月《がつ》ごろたん生《じょう》します。

サケのたん生《じょう》

冬《ふゆ》の川底《かわぞこ》で、サケの卵《たまご》が成長《せいちょう》しています。

産卵《さんらん》から約《やく》二か月《げつ》、卵《たまご》の中《なか》で、くるりくるりと動《うご》いていた稚魚《ちぎょ》がからをやぶり、顔《かお》を出《だ》します。サケの赤《あか》ちゃんのたん生《じょう》です。

おなかに、大《おお》きな卵黄《らんおう》のふくろをつけています。栄養分《えいようぶん》のたくさんふくまれたおべんとうです。

うまく泳《およ》げるようになるには、あと二か月《げつ》ほどかかります。それまで、卵黄《らんおう》から栄養《えいよう》をとり、川底《かわぞこ》の砂利《じゃり》の下《した》で成長《せいちょう》します。

⬅サケの卵《たまご》は、川底《かわぞこ》の砂利《じゃり》の下《した》にうみおとされています。うまれたばかりの稚《ち》魚《ぎょ》は、暗《くら》い方《ほう》へにげようとする習性《しゅうせい》をもっているため、砂利《じゃり》のあいだにもぐりこみます。（上《うえ》をおおっていた砂利《じゃり》をとりのぞいて撮影《さつえい》したもの）

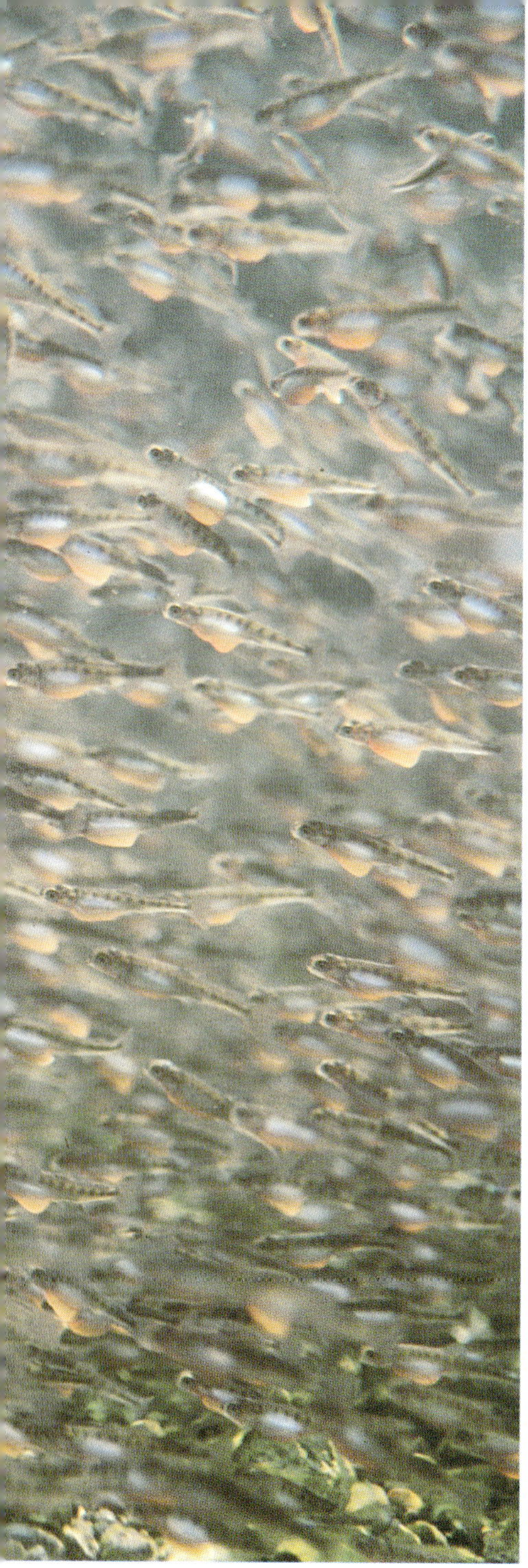

⬆雪《ゆき》がとけ，緑《みどり》の新芽《しんめ》が出《で》はじめると，サケの稚魚《ちぎょ》たちは，川《かわ》の流《なが》れにのってくだりだします。

泳《およ》ぎはじめた稚魚《ちぎょ》

たん生《じょう》から約《やく》二か月《げつ》、おなかの卵黄《らんおう》をほとんどつかいはたしたサケの稚魚《ちぎょ》は、砂利《じゃり》の下《した》から出《で》て、泳《およ》ぎはじめます。

まだ泳《およ》ぎのあまりじょうずでない稚魚《ちぎょ》たちは、流《なが》れのゆるやかな所《ところ》に集《あつ》まり、泳《およ》ぐ力《ちから》がほぼ同《おな》じものどうしで、群《む》れをつくるようになります。

⬆泳《およ》ぎはじめた稚魚《ちぎょ》。体長《たいちょう》は，約《やく》4cmに成長《せいちょう》しています。このころになると，稚魚《ちぎょ》たちの習性《しゅうせい》は，明《あか》るい方《ほう》へむかうようにかわり，暗《くら》い砂利《じゃり》の下《した》から，光《ひかり》のさしこむ水中《すいちゅう》へと泳《およ》ぎ出《だ》します。

川《かわ》をくだる稚魚《ちぎょ》

川《かわ》の水温《すいおん》が上《あ》がると、サケの稚魚《ちぎょ》は活発《かっぱつ》に泳《およ》ぐようになります。

昼間《ひるま》は、流《なが》れのある所《ところ》で小《ちい》さな水生《すいせい》昆虫《こんちゅう》やユスリカの幼虫《ようちゅう》などを食《た》べ、夜《よる》になると、流《なが》れにのって下流《かりゅう》へと移動《いどう》します。でも、海《うみ》まで一気《いっき》にくだってしまうようなことはありません。途中《とちゅう》で、ほかの支流《しりゅう》にのぼったり、池《いけ》にはいったりしながらくだっていきます。

この時期《じき》が、もっとも多《おお》く敵《てき》にねらわれます。ほかの魚《さかな》や鳥《とり》、水生昆虫《すいせいこんちゅう》に食《た》べられ、河口《かこう》につくまでに、四分《ぶん》の一ぐらいにへるといわれています。

➡川《かわ》をくだる稚魚《ちぎょ》。昼間《ひるま》，じゅうぶんにえさを食《た》べた稚魚《ちぎょ》は，夜《よる》になると，流《なが》れのゆるやかな所《ところ》にとどまります。反対《はんたい》に，あまりえさを食《た》べることのできなかった稚魚《ちぎょ》が，下流《かりゅう》へと移動《いどう》するといわれています。

⬅サケの稚魚《ちぎょ》を食《た》べるカワセミ。頭《あたま》から川《かわ》にとびこみ，くちばしで魚《さかな》をとらえます。

⬇サケの稚魚《ちぎょ》を食《た》べるオショロコマ。稚魚《ちぎょ》は，このほか，アメマスやハナカジカなどの魚《さかな》にたくさん食《た》べられてしまいます。体長《たいちょう》25cmぐらいのアメマスの腹《はら》から，100ぴき以《い》上《じょう》もの稚魚《ちぎょ》が出《で》てきたことがあります。

↑上《うえ》，淡水《たんすい》と海水《かいすい》がまじりあう河口付近《かこうふきん》。←左《ひだり》，海《うみ》に出《で》る稚魚《ちぎょ》の群《む》れ。淡水《たんすい》にすむ魚《さかな》をいきなり海水《かいすい》にいれると，死《し》んでしまうことがあります。でも，サケの稚魚《ちぎょ》は，泳《およ》ぎだすとすぐにでも海水《かいすい》にはいれるようにからだの準備《じゅんび》ができています。

海《うみ》への旅《たび》だち

ぶじに川《かわ》をくだったサケの稚魚《ちぎょ》は、やがて海《うみ》にはいります。でも、はじめのうちは、あまり沖《おき》へはいかず、波《なみ》うちぎわで生活《せいかつ》します。

海《うみ》には動物性《どうぶつせい》プランクトンが豊富《ほうふ》にあり、サケの稚魚《ちぎょ》は急速《きゅうそく》に大《おお》きくなります。そのうち、からだの色《いろ》は銀色《ぎんいろ》になり、体長《たいちょう》が十センチメートルぐらいになると、沖《おき》へと移動《いどう》していきます。

海《うみ》へ出《で》たサケの稚魚《ちぎょ》は、秋《あき》までに遠《とお》く沖《おき》へ移動《いどう》していきます。数千《すうせん》キロにわたる北《きた》太《たい》平《へい》洋《よう》の旅《たび》のはじまりです。でも、海《うみ》にはいっても、沿岸《えんがん》でカモメなどに食《た》べられてしまう稚魚《ちぎょ》もいます。

→川《かわ》の上流《じょうりゅう》は水温《すいおん》が低《ひく》く、そのうえ、えさも少《すく》ないので、魚《さかな》もかぎられた種類《しゅるい》しかすめません。

←いっしょに泳《およ》ぐイワナとヤマメ。ふつう、イワナ（上）は川《かわ》の最上流部《さいじょうりゅうぶ》にすみ、その少《すこ》し下流《かりゅう》にヤマメ（下《した》）がすみます。でも、同《おな》じ場所《ばしょ》で活動時間《かつどうじかん》をずらして、すみわけていることもあります。

川《かわ》にのこるサケのなかま

サケのなかまは、川《かわ》と海《うみ》を往復《おうふく》する習性《しゅうせい》をもっています。

しかし、イワナやヤマメのように、川《かわ》の上流《じょうりゅう》にとどまり、海《うみ》へくだらないものもいます。もともと、海《うみ》へくだる習性《しゅうせい》をもちながら、水温《すいおん》のちがいや、川《かわ》の途中《とちゅう》にある滝《たき》やダムなどによって、海へくだることができなくなったものたちは、川《かわ》で一生《いっしょう》くらすようになります。

このように、陸《りく》に封《ふう》じこめられてしまい、小《ちい》さいままでいる魚《さかな》たちを、海《うみ》にくだるもの（降海型《こうかいがた》）と区別《くべつ》して、陸封型《りくふうがた》といいます。

イワナのなかで，海《うみ》と川《かわ》をいったりきたりするものをアメマスといいます。アメマスのからだの側面《そくめん》には，大《おお》きな白《しろ》いはん点《てん》があります。

えさを求《もと》めて海《うみ》へ

海《うみ》へくだって、大《おお》きくなったヤマメのことを、サクラマスといいます。

子《こ》どものころ、えさをじゅうぶん食《た》べて、早《はや》く大《おお》きくなったヤマメは、川《かわ》にとどまることが多《おお》く、反対《はんたい》に、あまりえさにありつけなくて、成長《せいちょう》のおくれたものが、海《うみ》へくだることが知《し》られています。

川《かわ》で一年半《ねんはん》ほどくらし、海《うみ》へくだるころの大《おお》きさは、十五〜二十センチメートルですが、海《うみ》で一年間《ねんかん》くらして帰《かえ》ってくると、五十〜六十センチメートルにも成長《せいちょう》しています。

⬆サクラマスのそばをいっしょに泳《およ》ぐヤマメ。海《うみ》にくだったサクラマスが，いかに大《おお》きく成長《せいちょう》したかがわかります。また，からだの色《いろ》やもようもまったくかわってしまい，同《おな》じ種類《しゅるい》の魚《さかな》とは，とても思《おも》えません。

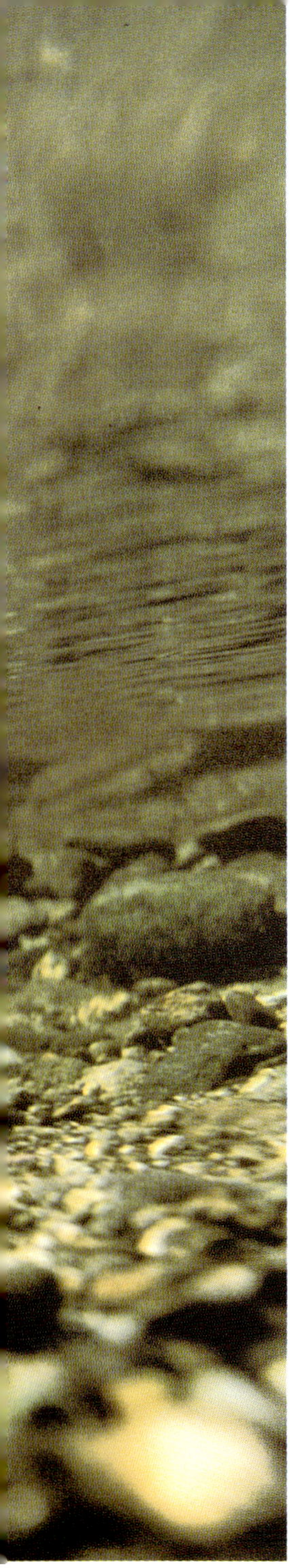

産卵《さんらん》のため，川《かわ》へ帰《かえ》ってきたサクラマスにまつわりつくヤマメ。海《うみ》へくだるのはめすの方《ほう》が多《おお》く，サクラマスの大《おお》きなめすと，川《かわ》に残《のこ》ったヤマメのおすとでも産卵受精《さんらんじゅせい》ができます。

川《かわ》に帰《かえ》って産卵《さんらん》

もともと淡水《たんすい》でくらすサケのなかまは、豊富《ほうふ》なえさをもとめて、川《かわ》から海《うみ》へ生活《せいかつ》の場所《ばしょ》をひろげたと考《かんが》えられています。

でも、海《うみ》で産卵《さんらん》できるものはなく、卵《たまご》をうむためには、ふるさとである川《かわ》へもどってこなくてはなりません。川《かわ》は、海《うみ》よりも外敵《がいてき》が少《すく》なく、より安全《あんぜん》に子孫《しそん》をのこすことができるからでしょうか。

⬆産卵《さんらん》するサクラマス。サクラマスのめす(左《ひだり》)は，1,000～5,000個《こ》の卵《たまご》をうみ，産卵後《さんらんご》は死《し》んでしまいます。いっぽう，ヤマメのめすは， 200個以下《こいか》の卵《たまご》しかうみませんが，産卵後《さんらんご》も死《し》ぬことはなく，よく年《とし》も産卵《さんらん》します。

ヤマメとカワマス（右《みぎ》）。カワマス（全長《ぜんちょう》20〜45㎝）の原産地《げんさんち》は北《きた》アメリカ。日本《にっぽん》には明治時代《めいじじだい》に移入《いにゅう》され，いまでは，日光《にっこう》の湯《ゆ》の池《いけ》や上《かみ》高地明神池《こうちみょうじんいけ》，北海道《ほっかいどう》の一部《いちぶ》でふえています。

カラフトマス（全長《ぜんちょう》40〜80㎝）。オホーツク沿岸《えんがん》の川《かわ》で産《さん》卵《らん》。産卵期《さんらんき》になると，おすの背中《せなか》がもりあがるので，セッパリマス，ラクダマスともよばれています。

サケのなかま

サケのなかまは、日本《にっぽん》には十二種《しゅ》類《るい》ぐらいすんでいます。どれも、比《ひ》較的《かくてき》大《おお》きな卵《たまご》を淡水《たんすい》でうみます。

アマゴ(全長約《ぜんちょうやく》30cm)。箱根《はこね》以西《いせい》の太平洋側《たいへいようがわ》にすみ，ヤマメに似《に》ていますが，からだに赤《あか》いはん点《てん》があります。

オショロコマ(全長約《ぜんちょうやく》25cm)。北海道北部《ほっかいどうほくぶ》にすみ，日本《にっぽん》ではほとんどが陸封型《りくふうがた》ですが，降海型《こうかいがた》は1m以上《いじょう》にもなります。

イトウ(全長《ぜんちょう》1m)。北海道《ほっかいどう》の川《かわ》や湖《みずうみ》にすみ，はんしょく力《りょく》が弱《よわ》く，数《かず》も少《すく》なく，まぼろしの魚《さかな》といわれています。

ニジマス(全長《ぜんちょう》20～50cm)。原産地《げんさんち》は北《きた》アメリカ。いまでは世界中《せかいじゅう》に放流《ほうりゅう》され，つりや食用《しょくよう》として喜《よろこ》ばれています。

→河口《かこう》の沖合《おきあい》でジャンプするサケ。体長《たいちょう》は、海《うみ》に出《で》たころの六～二十倍《ばい》になっています。

←波《なみ》にのって沿岸《えんがん》に近《ちか》づくサケの群《む》れ。

帰《かえ》ってきたサケ

ふるさとの川《かわ》を出発《しゅっぱつ》して、三～五年目《ねんめ》の秋《あき》、北太平洋《きたたいへいよう》で大《おお》きく成長《せいちょう》したサケたちが、自分《じぶん》の生《う》まれた川《かわ》をめざして、日《にっ》本《ぽん》の沿岸《えんがん》に帰《かえ》ってきます。

小《ちい》さな魚《さかな》やイカ、オキアミを食《た》べて、体長《たいちょう》六十～七十センチメートル、体重《たいじゅう》三～五キログラムに成長《せいちょう》しています。

でも、川《かわ》から海《うみ》に出《で》た稚魚《ちぎょ》の八十パーセント以上《いじょう》が、サメやトド、アザラシなどに食《た》べられたり、遠洋漁業《えんようぎょぎょう》でとられたりしてしまいます。そのため、生《う》まれた稚魚《ちぎょ》のうち、百《ひゃっ》ぴきに二ひき以下《いか》しか、帰《かえ》ってこられません。

➡定置《ていち》あみ漁《りょう》に出《で》た漁船《ぎょせん》。定置《ていち》あみは、沿岸《えんがん》に近《ちか》づくサケをかきね状《じょう》のあみでさえぎり、にげようと沖《おき》へ移動《いどう》したところを、先《さき》の方《ほう》にあるふくろ状《じょう》のあみでとる方法《ほうほう》です。

サケ漁《りょう》と人工《じんこう》ふ化《か》

沿岸《えんがん》近《ちか》くまで帰《かえ》ってきたサケが、そのまま、ふるさとの川《かわ》へのぼっていけるわけではありません。その多《おお》くは、沿岸《えんがん》にしかけられた定置《ていち》あみでとらえられ、人間《にんげん》の食料《しょくりょう》として利用《りよう》されます。

また、川《かわ》にのぼったサケは、捕獲場《ほかくじょう》でとられ、人間《にんげん》の手《て》によって採卵《さいらん》、受《じゅ》精《せい》させられます。受精《じゅせい》した卵《たまご》は、ふ化《か》場《じょう》まで運《はこ》ばれて、ふ化《か》、放流《ほうりゅう》まで管理《かんり》されます。

このように、サケの習性《しゅうせい》を利用《りよう》して、人間《にんげん》は古《ふる》くからサケをとり、管理《かんり》してきました。

ふくろ状《じょう》のあみにはいったサケを、おおぜいの人《ひと》で引《ひ》きあげます。現在《げんざい》、サケ漁《りょう》の大半《たいはん》は、この方法《ほうほう》でおこなわれています。

⇒河口《かこう》をのぼるサケ。鼻先《はなさき》が白《しろ》くなっているのは、沿岸《えんがん》での定置《ていち》あみや川《かわ》にもうけられたさくに、からだをぶつけたときの傷《きず》あとなのでしょう。

⇐川《かわ》の浅瀬《あさせ》をいきおいよくのぼるサケ。

ふるさとの川《かわ》へ

河口《かこう》の近《ちか》くでしばらくからだを淡水《たんすい》にならしたサケは、雨《あめ》で川《かわ》が増水《ぞうすい》したときや、夜《よる》などに、いきおいよく川《かわ》をのぼりはじめます。

サケは、広《ひろ》い海《うみ》でどのようにして生《う》まれた川《かわ》の方向《ほうこう》を知《し》るのでしょう。そのなぞはまだよくわかっていませんが、川《かわ》のにおいをおぼえていて、それをたよりに、川《かわ》をのぼりだすことはわかっています。

サケがのぼる川《かわ》の下流《かりゅう》には、サケをつかまえるさくがもうけられています。川《かわ》が増水《ぞうすい》したときなどに、そこをこえたサケだけが、上流《じょうりゅう》へと向《む》かいます。

⬅激流《げきりゅう》をジャンプするサケ。高《たか》いせきやダムをのぼれなかったり、カラスやトビ、キツネやクマに食《た》べられたりするものもいます。

➡滝《たき》つぼに群《む》れて、ジャンプする順番《じゅんばん》をまつサケ。

⬅急流《きゅうりゅう》をジャンプしてのぼるサケ。サケは、高《たか》さ三メートルぐらいの滝《たき》なら、とびこえることができます。

川《かわ》をのぼるサケ

川《かわ》にはいるころになると、サケはしだいにからだつきがかわってきます。

銀白色《ぎんはくしょく》だったからだの色《いろ》が黒《くろ》っぽくなり、皮《ひ》ふも厚《あつ》くなって、赤黄色《せきおうしょく》のはんもんができます。おすは鼻先《はなさき》がまがり、歯《は》もするどくなり、背中《せなか》がもりあがってきます。サケの体内《たいない》で、産卵《さんらん》・放精《ほうせい》の準備《じゅんび》がととのってきたのです。

おすとめすは、下流《かりゅう》をのぼっているあいだに、つがいになります。つがいになったサケは、一気《いっき》に上流《じょうりゅう》へと向《む》かいます。ときには、時速《じそく》数《すう》十キロメートルの速《はや》さでのぼることもあります。

↑上流《じょうりゅう》までのぼってきたサケの群《む》れ。

⬆産卵場所《さんらんばしょ》が近《ちか》くなったのでしょう。浅瀬《あさせ》を一気《いっき》にのぼるサケのめす。

産卵場所《さんらんばしょ》をめざして

サケは、自分《じぶん》の生《う》まれた場所《ばしょ》までおぼえていて、同《おな》じ場所《ばしょ》にもどるといわれています。

川《かわ》をのぼりはじめたサケは、いっさいなにも食《た》べません。海《うみ》でたくわえた栄養分《えいようぶん》だけをつかい、産卵《さんらん》にてきした場所《ばしょ》まで、ひたすらのぼっていきます。

そして、産卵場所《さんらんばしょ》につくころには、からだにたくわえたタンパク質《しつ》の三十パーセント、脂肪《しぼう》の八十〜九十八パーセントをつかいはたしてしまうのです。

➡産《さん》卵《らん》場《ば》所《しょ》をさがすおす(上《うえ》)とめす。気《き》にいった場《ば》所《しょ》がみつかるまで、なん回《かい》も場《ば》所《しょ》をさがします。

⬅川《かわ》底《ぞこ》をほるめすと後《うし》ろによりそうおす。一時《じ》間《かん》ほどで産《さん》卵《らん》床《しょう》ができあがることもありますが、ときには二日《か》もかかることがあります。

産《さん》卵《らん》床《しょう》をつくる

産《さん》卵《らん》場《ば》所《しょ》には、川《かわ》底《ぞこ》から水《みず》のわきでている所《ところ》がえらばれます。そのような所《ところ》は、一年《ねん》中《じゅう》、あまり水温《すいおん》がかわらず、冬《ふゆ》でもこおることがありません。

産《さん》卵《らん》場《ば》所《しょ》をきめためすは、からだを横《よこ》にたおし、尾《お》びれを上下《じょうげ》にふって、川《かわ》底《ぞこ》の砂利《じゃり》をほりはじめます。そして、直径《ちょっけい》一メートル、深《ふか》さ三十～五十センチメートルの、卵《たまご》をうみこむためのくぼみをつくります。これを産《さん》卵《らん》床《しょう》といいます。

そのあいだ、おすはめすの後《うし》ろにいて、からだをふるわせてすりよったり、ほかのおすが近《ちか》づくと、追《お》いはらったりします。

⬅めす(右《みぎ》)が産卵床《さんらんしょう》のまん中《なか》で口《くち》を大《おお》きくあけ、おすも口《くち》をあけてめすとならびます。産卵《さんらん》の瞬間《しゅんかん》です。産卵時間《さんらんじかん》は七～二十秒《びょう》。そのあいだにめすは、約《やく》三千《ぜん》個《こ》の卵《たまご》をうみ、おすはその卵《たまご》に精子《せいし》をかけます。

サケの卵《たまご》。直径《ちょっけい》6～7㎜。(産卵後《さんらんご》まだ砂利《じゃり》をかけないうちに撮影《さつえい》したもの)

くりかえされる生命《せいめい》のいとなみ

産卵後《さんらんご》、めすは尾《お》びれで卵《たまご》の上《うえ》に砂利《じゃり》をかけ、その場所《ばしょ》にしばらくの間《あいだ》とどまります。ほかのめすが産卵《さんらん》のためにほりかえさないよう、まもるのです。おすは、別《べつ》のめすを求《もと》めて動《うご》きまわります。しかし、おすもめすも、やがて力《ちから》つき、死《し》んでいきます。

死《し》んだサケは、鳥《とり》やけもののえさになるだけではなく、バクテリアによって分解《ぶんかい》され、プランクトンのえさになります。よく年《とし》の春《はる》にふ化《か》するサケの稚魚《ちぎょ》は、死《し》んだ親《おや》ザケの栄養《えいよう》でふえたプランクトンを食《た》べて成長《せいちょう》するのです。

←産卵後死《さんらんごし》んだサケ。このようなサケの肉《にく》は、サケ特有《とくゆう》のサーモンピンクではなく、白《しろ》い色《いろ》をしています。からだの栄養分《えいようぶん》をつかいはたした証拠《しょうこ》です。

川《かわ》は、しだいに雪《ゆき》と氷《こおり》にとざされていきます。
でも、サケの新《あたら》しい生命《せいめい》が、川底《かわぞこ》のあたたかい
わき水《みず》にまもられてねむっています。

●日本《にっぽん》にすむサケのなかま

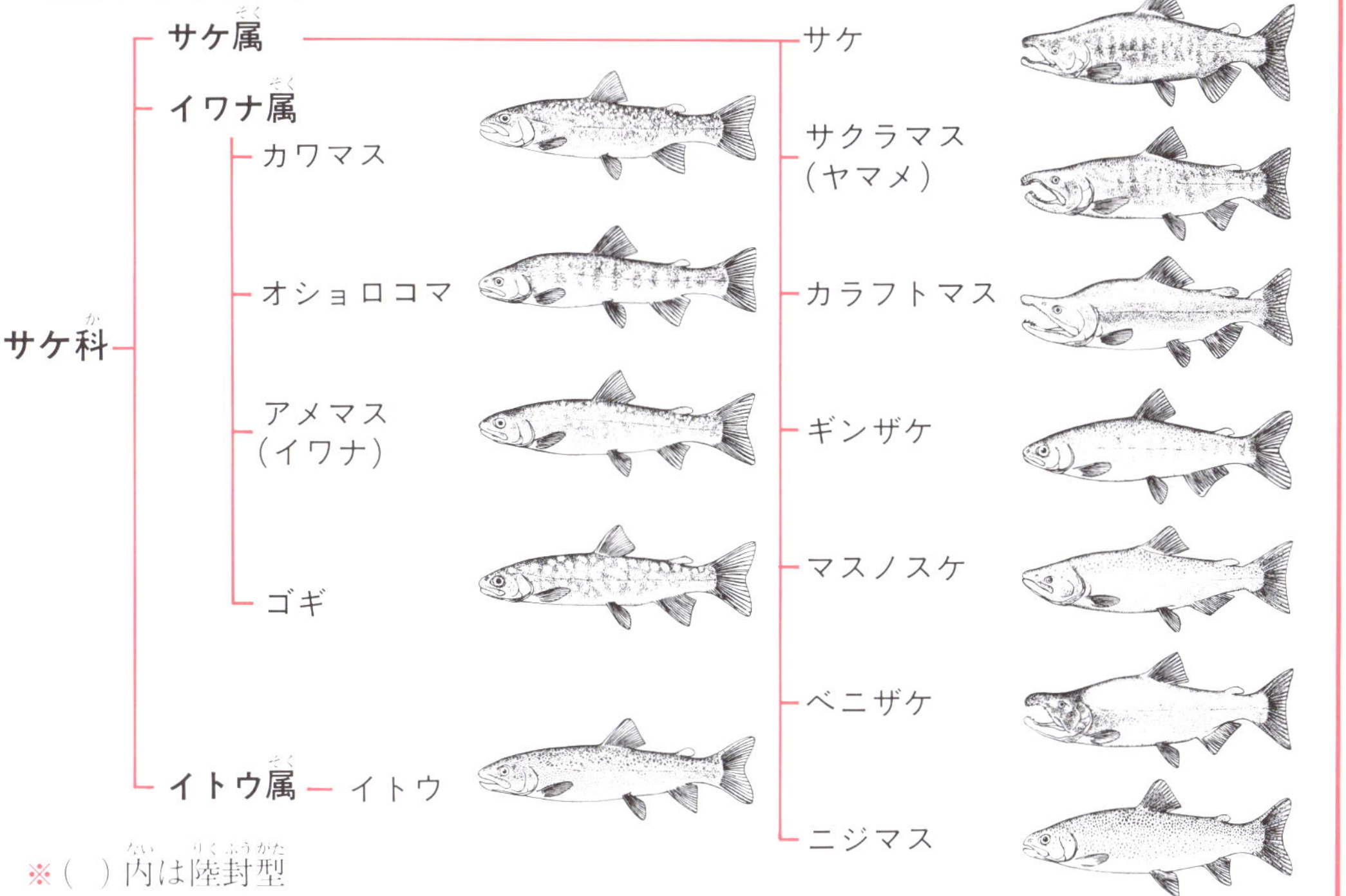

※（　）内《ない》は陸封型《りくふうかた》

サケのなかまは、いまから約百《やくひゃく》～四百万年《よんひゃくまんねん》前《まえ》、氷河期《ひょうがき》と間氷期《かんぴょうき》がくり返《かえ》されているころ、北半球《きたはんきゅう》の中《ちゅう》・高緯度地方《こういどちほう》にあらわれたと考えられています。いまでも、サケが産卵《さんらん》・ふ化《か》する川《かわ》は、北半球《きたはんきゅう》の水温《すいおん》の低《ひく》い海《うみ》にそそいでいます。

本書《ほんしょ》で紹介《しょうかい》した太平洋産《たいへいようさん》のサケ（別名《べつめい》シロザケ）やカラフトマスは、ふ化《か》するとすぐ海《うみ》にくだってしまいますが、サクラマスやベニザケ、ギンザケ、マスノスケは、一～二年《ねん》ほど川《かわ》でくらしたのち、海《うみ》にくだります。なかには、川《かわ》だけで一生《いっしょう》をおくるものもいます。

北大西洋産《きたたいせいようさん》のサケは、一年間川《ねんかんかわ》でくらしたのち、海《うみ》にくだっていきます。しかも、北太平洋産《きたたいへいようさん》のサケが、一度《ど》の産卵《さんらん》で死《し》んでしまうのとちがって、産卵《さんらん》のために、数回川《すうかいかわ》と海《うみ》を往復《おうふく》します。

●サケのからだ（おす）

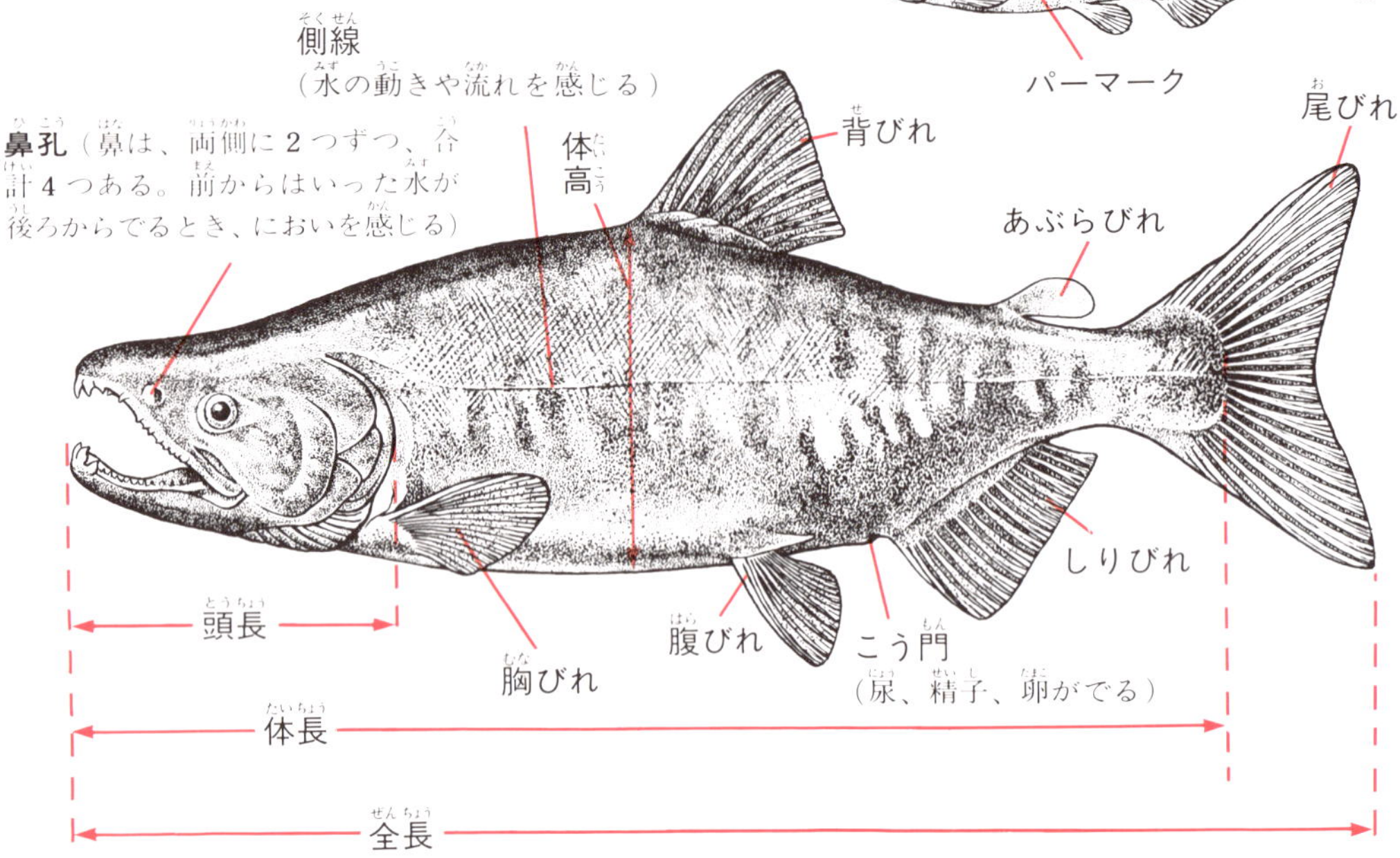

●サケの稚魚《ちぎょ》

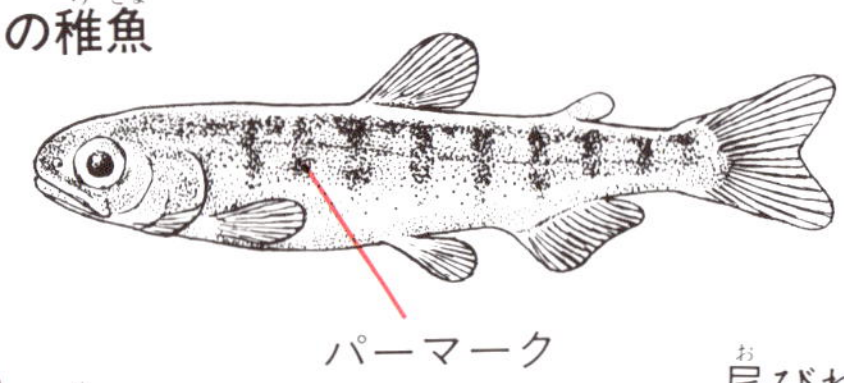

サケのなかまは、コイやフナにくらべて軟《なん》骨部《こつぶ》（やわらかい骨《ほね》）が多《おお》く、とくに、頭部《とうぶ》の脳《のう》のある部分《ぶぶん》は、軟骨《なんこつ》だけでできています。そのため、魚《さかな》のなかでは、原始的《げんしてき》な型《かた》をのこしているといわれています。

また、背《せ》びれと尾《お》びれのあいだに、ほかの魚《さかな》にはない、もうひとつの小《ちい》さなひれがあります。あぶらびれです。あぶらびれは、名前《なまえ》のとおり脂肪分《しぼうぶん》だけでできていて、ほかのひれのように、折《お》りたたんだり、動《うご》かしたりすることができません。

サケの稚魚《ちぎょ》が川《かわ》にいるあいだ、からだにパーマークと呼《よ》ばれる模様《もよう》があります。これは、ほかのサケ科《か》の魚《さかな》にもみられます。でも、海《うみ》にはいるころになると、からだは銀色《ぎんいろ》に光《ひか》り、パーマークはみえなくなります。これを銀化《ぎんけ》といい、からだの中《なか》で、海《うみ》にはいる準備《じゅんび》がで

〈サケのおす〉

〈サケのめす〉

きたしるしです。

このように、サケは海《うみ》を回遊《かいゆう》しているあいだは、銀色《ぎんいろ》に光《ひか》るからだをしています。でも、産卵《さんらん》のため川《かわ》をのぼりはじめるころには、からだの色《いろ》は黒《くろ》っぽくなり、赤黄色《せきおうしょく》の模様《もよう》があらわれてきます。おすは、背中《せなか》がもり上《あ》がり、鼻先《はなさき》が曲《ま》がって、歯《は》もするどくなります。めすは、卵《たまご》で腹部《ふくぶ》がふくれてきます。

●サケが淡水《たんすい》でも海水《かいすい》でもへいきなわけ

〈淡水魚《たんすいぎょ》〉

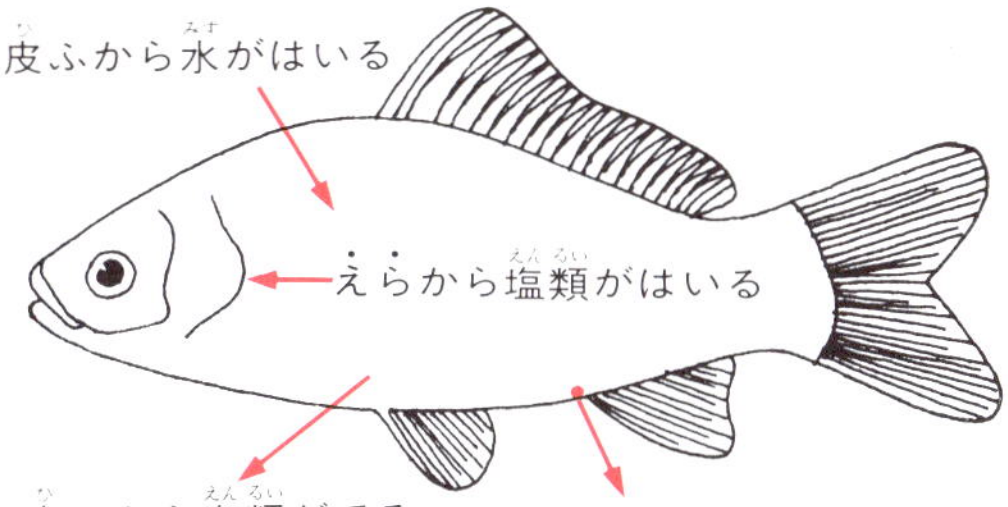

〈海水魚《かいすいぎょ》〉

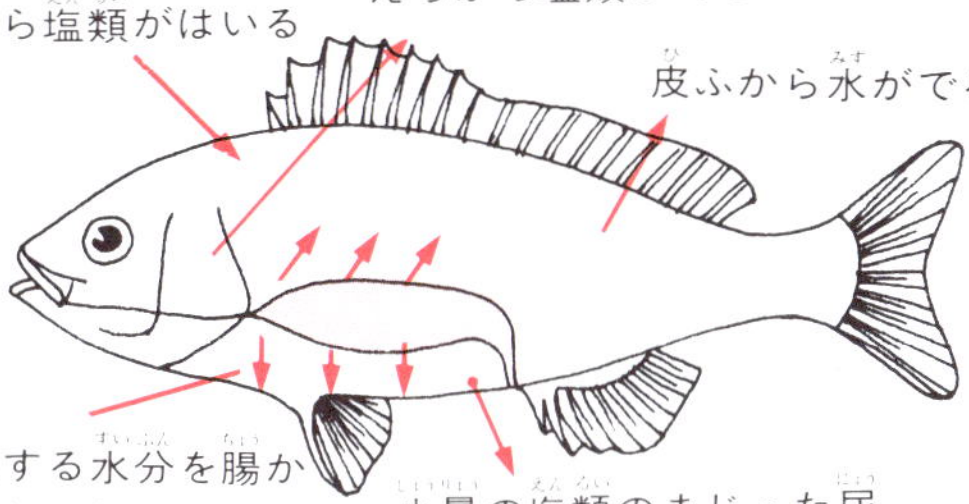

淡水《たんすい》にすむ魚《さかな》は、皮《ひ》ふやえらから水分《すいぶん》が体《たい》内《ない》にはいってくるので、余分《よぶん》な水分《すいぶん》をじん臓《ぞう》から排出《はいしゅつ》しなくてはなりません。

いっぽう、海水《かいすい》にすむ魚《さかな》は、水分《すいぶん》がからだからうばわれてしまうので、ときどき海水《かいすい》をのんで水分《すいぶん》をおぎない、塩分《えんぶん》だけを排出《はいしゅつ》しなくてはならないのです。

サケやウナギなどは、この両方《りょうほう》の機能《きのう》をそなえているので、淡水《たんすい》と海水《かいすい》を行《い》ったり来《き》たりすることができるのです。

*サケの一生《いっしょう》

サケのうろこ。魚《さかな》のうろこには，木《き》と同《おな》じような年輪《ねんりん》がみられます。これを調《しら》べると，魚《さかな》の年《ねん》れいがわかります。

サケの卵《たまご》は、水温《すいおん》セッ氏《し》八度《ど》のもとでは、約《やく》六十日《にち》でふ化《か》します。さらに約《やく》六十日《にち》たつと、稚魚《ちぎょ》は、卵黄《らんおう》をすっかり吸収《きゅうしゅう》して、水中《すいちゅう》へと泳《およ》ぎ出《だ》していきます。

そして、三月《がつ》～六月《がつ》のあいだに川《かわ》をくだり、五月《がつ》～六月《がつ》ごろ海《うみ》へはいっていきます。海《うみ》に出《で》た稚魚《ちぎょ》は、体長《たいちょう》が十センチメートルをこえると、しだいに北上《ほくじょう》しはじめます。

北太平洋《きたたいへいよう》で、オキアミやイカ、イワシなどを食《た》べて成長《せいちょう》したサケは、三年《ねん》～五年後《ねんご》の九月《がつ》～十二月《がつ》ごろ日本《にっぽん》の沿岸《えんがん》に帰《かえ》りつき、ふるさとの川《かわ》をめざしてのぼりだします。そして、産卵《さんらん》をおえ、そのまま死《し》んでいきます。

稚魚《ちぎょ》のたん生《じょう》

川《かわ》をくだる（３月《がつ》～６月《がつ》）

にはいる（５月《がつ》～７月《がつ》）

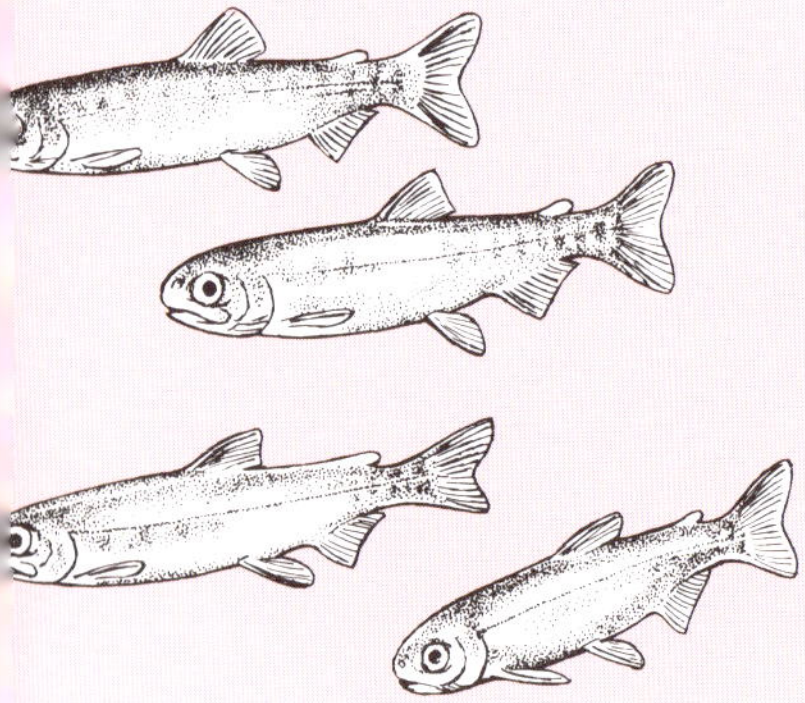

川《かわ》

産卵《さんらん》

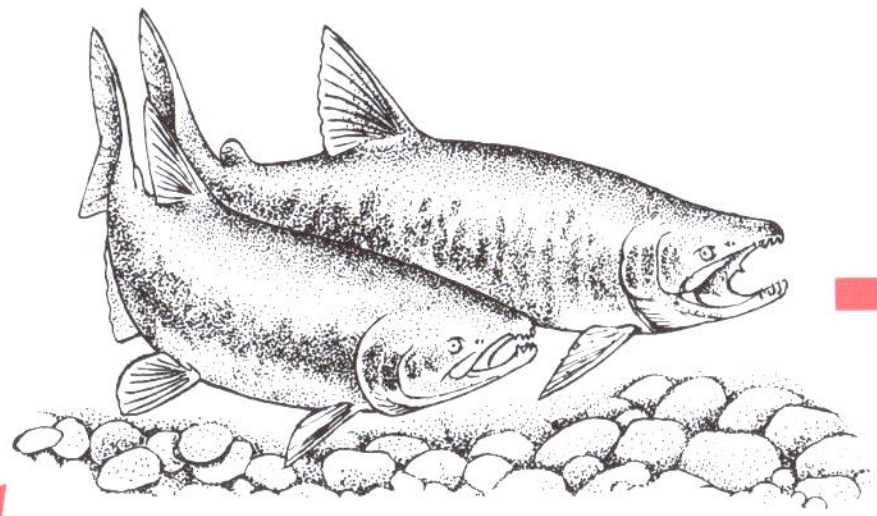

卵《たまご》

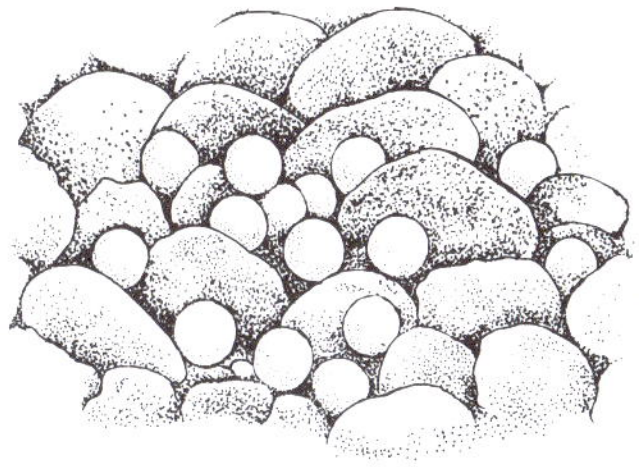

川《かわ》をのぼる

水温《すいおん》８℃のとき，卵《たまご》がふ化《か》するまで約《やく》60日《にち》かかりますが，水温《すいおん》が８℃より高《たか》いときは，これよりも早《はや》くふ化《か》し，低《ひく》いときはおそくなります。ふ化《か》した稚魚《ちぎょ》が，泳《およ》げるようになるまでの日数《にっすう》も，水温《すいおん》によってちがいます。

サケは，親《おや》になるまで３～６年《ねん》かかります。でも，４年《ねん》で親《おや》になって帰《かえ》ってくるものが，全体《ぜんたい》の約《やく》60パーセントをしめています。

海《うみ》

沿岸《えんがん》に帰《かえ》ってくる
（９月《がつ》～12月《がつ》）

〈北太平洋《きたたいへいよう》でのサケのえさ〉

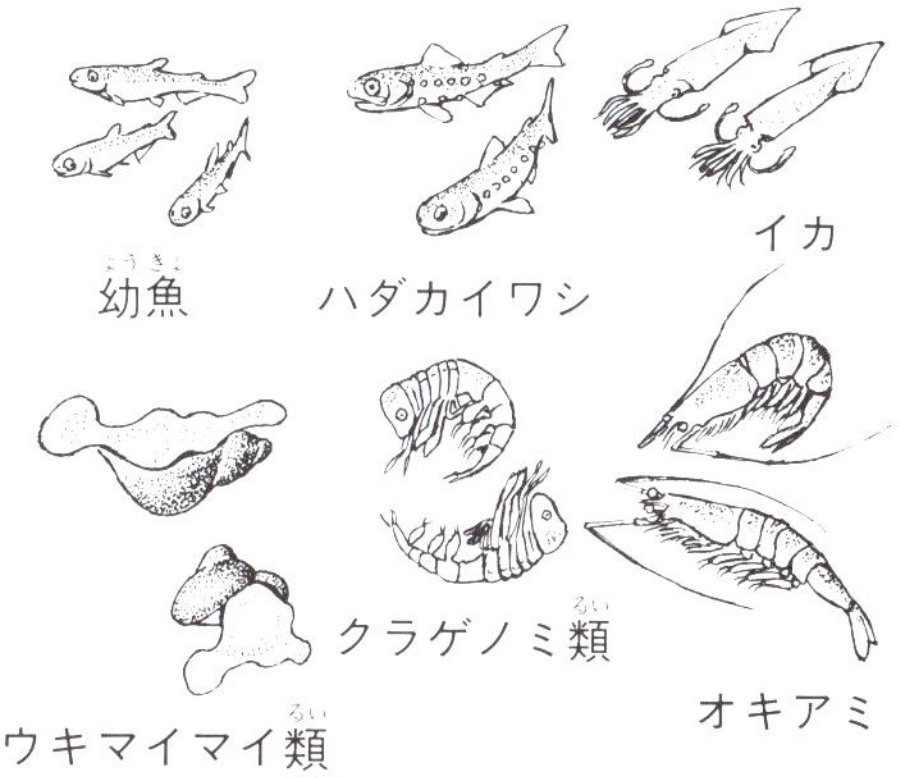

（1975年《ねん》・米盛保《よねもりたもつ》　一部改変《ふかいへん》）

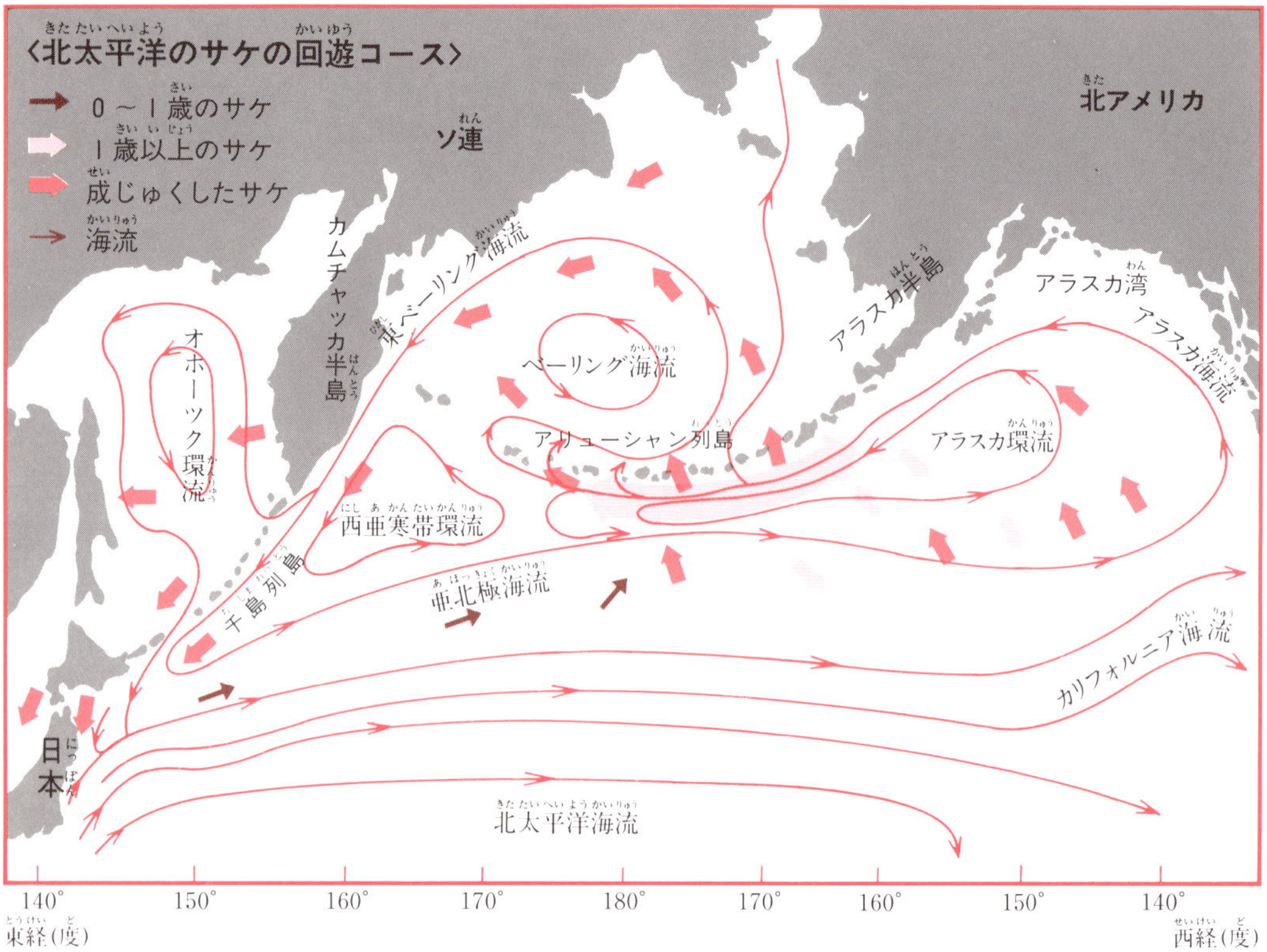

日本《にっぽん》の沿岸《えんがん》から沖合《おきあい》に出《で》たサケは、遠《とお》くアリューシャン列島《れっとう》まで向《む》かいます。そして、アリューシャン列島《れっとう》からアラスカ半島《はんとう》近《ちか》くの海《うみ》で、夏《なつ》のあいだは北《きた》へ進《すす》み、冬《ふゆ》のあいだは南《みなみ》へくだりながら、二〜三年《ねん》すごします。

魚《さかな》は、それぞれの種類《しゅるい》に適《てき》した水温《すいおん》の所《ところ》で生活《せいかつ》し、海流《かいりゅう》の動《うご》きによって、その回遊経路《かいゆうけいろ》が左右《さゆう》されるということは、古《ふる》くから知《し》られています。また、寒流《かんりゅう》や暖流《だんりゅう》の両方《りょうほう》の影響《えいきょう》をうける所《ところ》は、えさも豊富《ほうふ》で、よい漁場《ぎょじょう》になることも調《しら》べられています。サケも、だいたい海流《かいりゅう》にそって移動《いどう》しており、海流《かいりゅう》とサケの回《かい》遊《ゆう》は、深《ふか》いつながりがあるといえるでしょう。

やがて、成長《せいちょう》したサケは、四年目《ねんめ》の春《はる》になると、アラスカ湾《わん》の南方《なんぽう》からアリューシャン列島《れっとう》を横切《よこぎ》り、カムチャッカ半島《はんとう》の東側《ひがしがわ》を南《なん》下《か》し、千島列島沿《ちしまれっとうぞ》いに日本《にっぽん》まで帰《かえ》ってきます。

＊ふるさとの川《かわ》へ帰《かえ》ってくるなぞ

●北海道常呂川《ほっかいどうところがわ》に回帰《かいき》した数《かず》

1954年《ねん》，50万《まん》びきの稚魚《ちぎょ》をはなしたところ，1957年《ねん》までに，2,559ひきのサケがもどってきました。

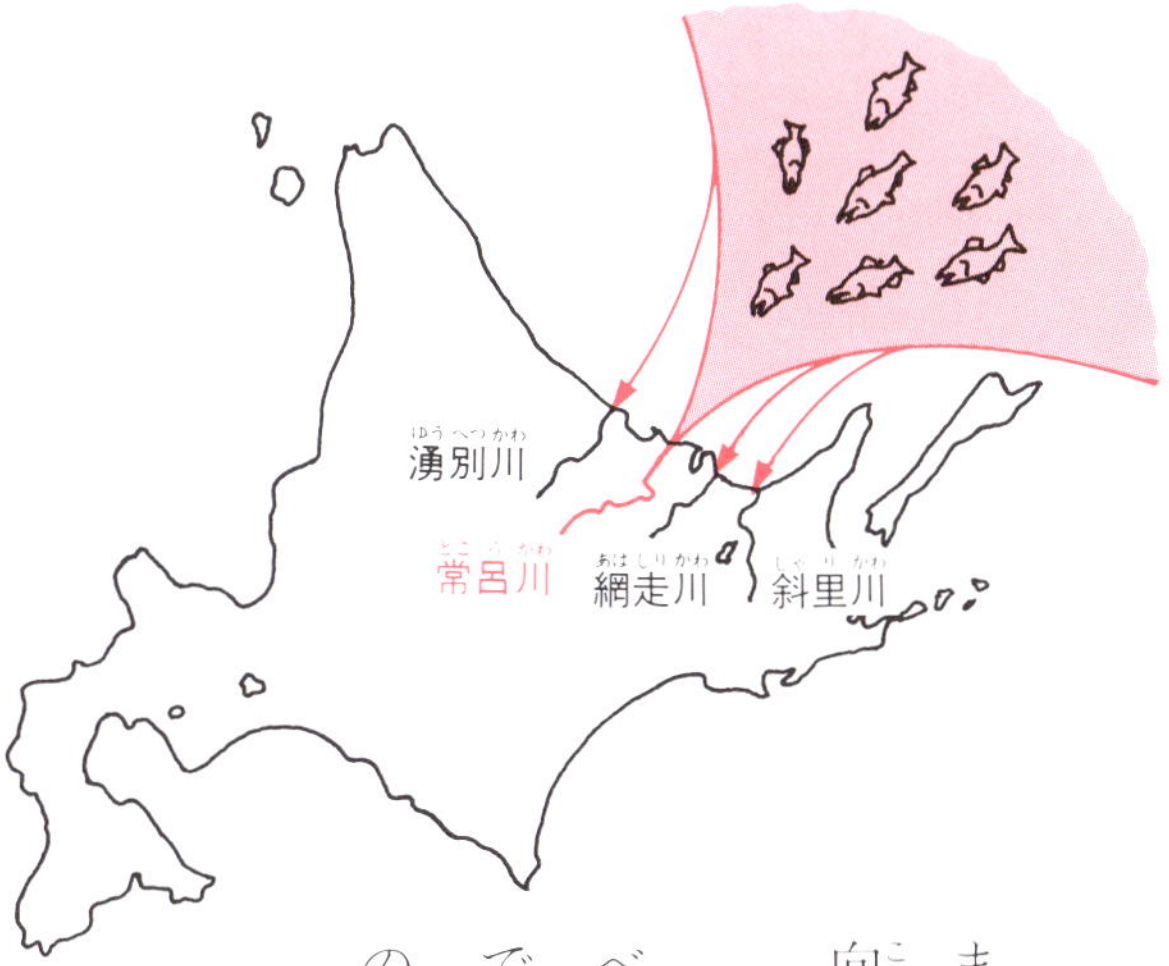

●標識放流《ひょうしきほうりゅう》の方法《ほうほう》

〈稚魚《ちぎょ》〉

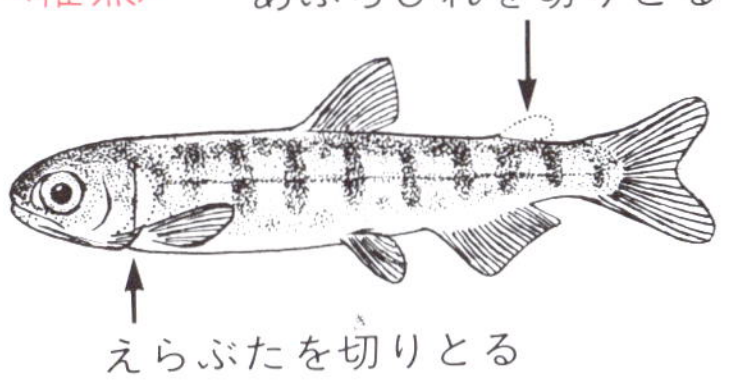

〈成魚《せいぎょ》〉 回遊中《かいゆうちゅう》のサケをとらえて，記号《きごう》や番号《ばんごう》などをかいた標識《ひょうしき》をつける。

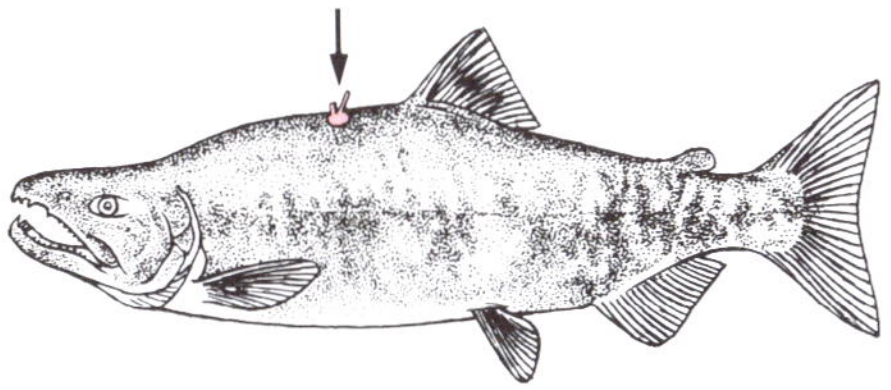

北太平洋《きたたいへいよう》を数千《すうせん》キロにわたって回遊《かいゆう》するサケは、ほんとうに、生《う》まれた川《かわ》まで、まちがいなく帰《かえ》ってくるのでしょうか。

生《う》まれた川《かわ》まで帰《かえ》ってくるかどうかは、サケに目印《めじるし》をつけて放《はな》す標識放流《ひょうしきほうりゅう》で調《しら》べることができます。一九五四年《ねん》、北海道《ほっかいどう》の常呂川《ところがわ》でおこなわれたサケの標識放流《ひょうしきほうりゅう》の結果《けっか》、ぶじに帰《かえ》ってきたもののうち、常呂川《ところかわ》でみつかったものが九十八パーセント、ほかの川《かわ》でみつかったものは、二パーセントにすぎませんでした。

このように高《たか》い確率《かくりつ》で、サケは生《う》まれた川《かわ》に帰《かえ》ってきます。広《ひろ》い海《うみ》の中《なか》で、サケはいったい何《なに》をたよりに、方向《ほうこう》をさだめ、泳《およ》いでいるのでしょうか。

前《まえ》のページで、海流《かいりゅう》とサケの回遊《かいゆう》との関係《かんけい》について述《の》べましたが、海流《かいりゅう》だけで、回遊《かいゆう》のなぞを説明《せつめい》することはできません。では、どんな方法《ほうほう》で、サケは回遊《かいゆう》しているのでしょうか。

〈太陽《たいよう》コンパス説《せつ》〉 魚《さかな》には、太陽《たいよう》の位置《いち》を基準《きじゅん》にして方《ほう》

●川《かわ》のにおいをかぎわけるサケ

岩手県《いわてけん》大槌湾《おおつちわん》での実験《じっけん》で，湾内《わんない》に帰《かえ》ってきたサケは，大槌川《おおつちかわ》から流《なが》れこんでくる水《みず》にそって移動《いどう》しながら，生《う》まれた川《かわ》をさがしあてることがわかりました。

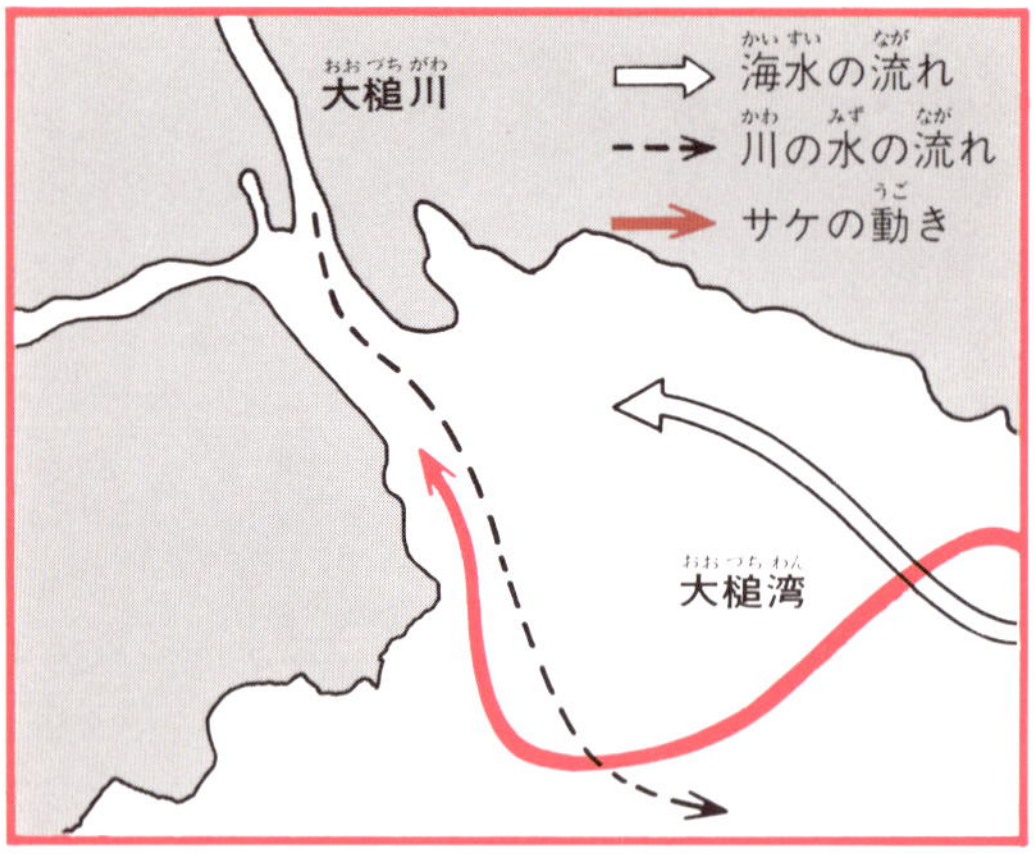

●太陽《たいよう》コンパスを利用《りよう》する魚《さかな》

巣《す》に帰《かえ》る習性《しゅうせい》をもつ魚《さかな》で実験《じっけん》したところ，晴《は》れた日は巣《す》の方向《ほうこう》に向《む》かうことが多《おお》いのですが，くもった日《ひ》や魚《さかな》に目《め》かくしをしたときは，方向《ほうこう》がまちまちになります。（ハスラーの実験《じっけん》）

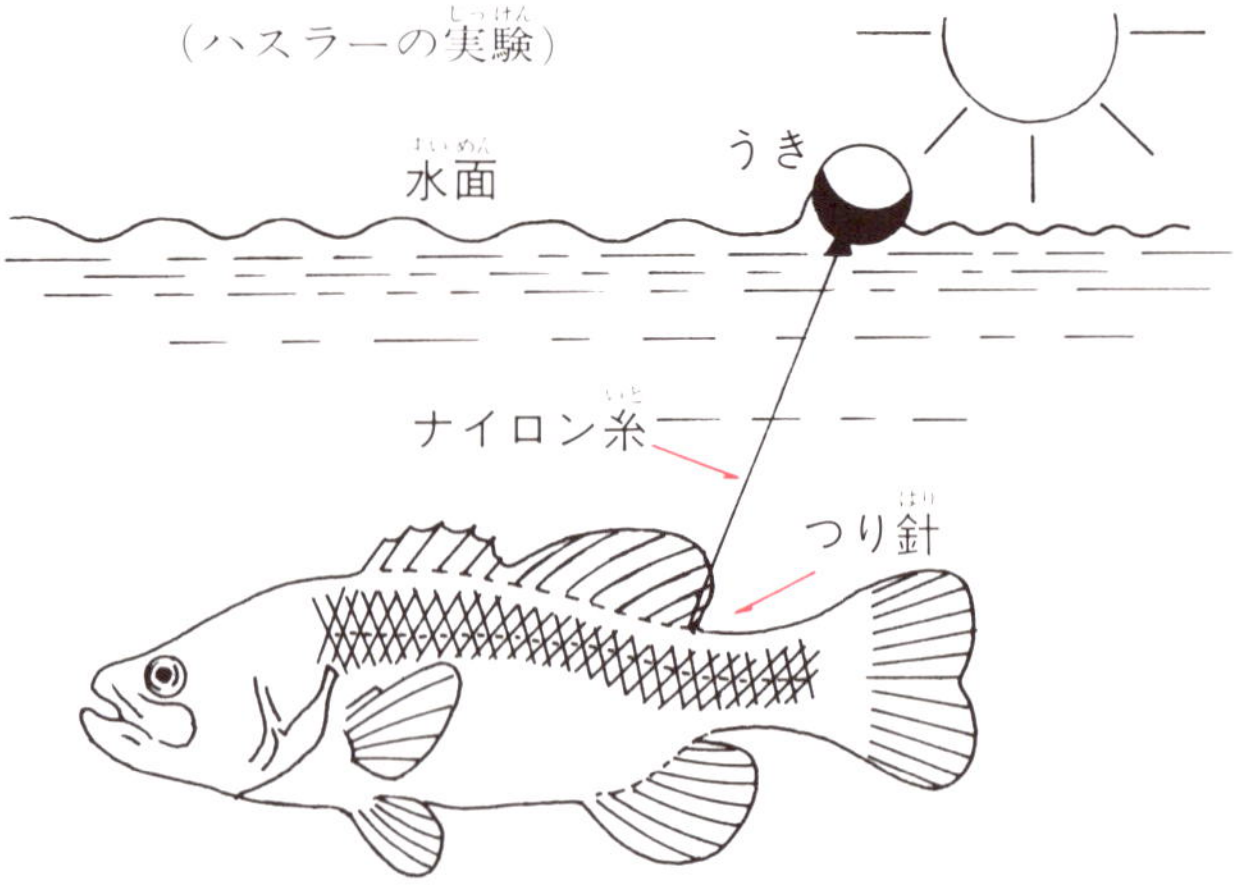

角《かく》をきめ、一定《いってい》の方向《ほうこう》に移動《いどう》できる能力《のうりょく》のあることが、ベニザケの幼魚《ようぎょ》、マスノスケの幼魚《ようぎょ》、ホワイトバス、ブルーギルなどで確《たし》かめられています。しかし、サケの回《かい》遊《ゆう》する北太平洋《きたたいへいよう》は、天気《てんき》の悪《わる》い日《ひ》が多《おお》く、しかもサケは、六十メートルもの深《ふか》さの所《ところ》を泳《およ》ぐことも多《おお》いため、はたして、太陽《たいよう》の位置《いち》を確《たし》かめることができるかどうか疑問《ぎもん》です。

でも、サケは日《ひ》の出《で》のころ、水面近《すいめんちか》くまで浮《う》かんでくることが観察《かんさつ》されていて、このとき、太陽《たいよう》の位置《いち》をさだめているのかもしれません。

〈磁気説《じきせつ》〉 地球《ちきゅう》の磁気《じき》を感《かん》じているのではないか、という考《かんが》えもあります。ベニザケの幼魚《ようぎょ》を使《つか》い、人工的《じんこうてき》に磁《じ》気《き》の流《なが》れる方向《ほうこう》を変《か》えると、その分《ぶん》だけ、幼魚《ようぎょ》の動《うご》きに変化《へんか》が出《で》る、という結果《けっか》が得《え》られています。

そのほかにも、海水《かいすい》の温度《おんど》差《さ》や塩分《えんぶん》の濃度《のうど》差《さ》を感《かん》じて、回遊《かいゆう》しているのではないかとも考《かんが》えられています。

しかし、どの考《かんが》えも、サケの回遊《かいゆう》をじゅうぶんに説明《せつめい》することはできません。おそらく、サケは、いろいろな

南半球《みなみはんきゅう》にいった日本《にっぽん》のサケ

サケは、もともと北半球《きたはんきゅう》にしかすんでいませんでしたが、最近《さいきん》、南半球《みなみはんきゅう》に移植《いしょく》する試《こころ》みがなされています。日本《にっぽん》とチリの政府《せいふ》が協力《きょうりょく》して、日本《にっぽん》のサケをオキアミの豊富《ほうふ》な南極海《なんきょくかい》に放流《ほうりゅう》する実験《じっけん》です。

サケが川《かわ》をのぼってくるのは、北半球《きたはんきゅう》では秋《あき》から冬《ふゆ》にかけてです。南半球《みなみはんきゅう》でも同《おな》じです。南半球《みなみはんきゅう》の秋《あき》から冬《ふゆ》は、北半球《きたはんきゅう》の春《はる》から夏《なつ》にあたります。そこで、南半《みなみはん》球《きゅう》からサケを輸入《ゆにゅう》すれば、日本《にっぽん》では、一年中《ねんじゅう》、とりたてのサケが食《た》べられます。

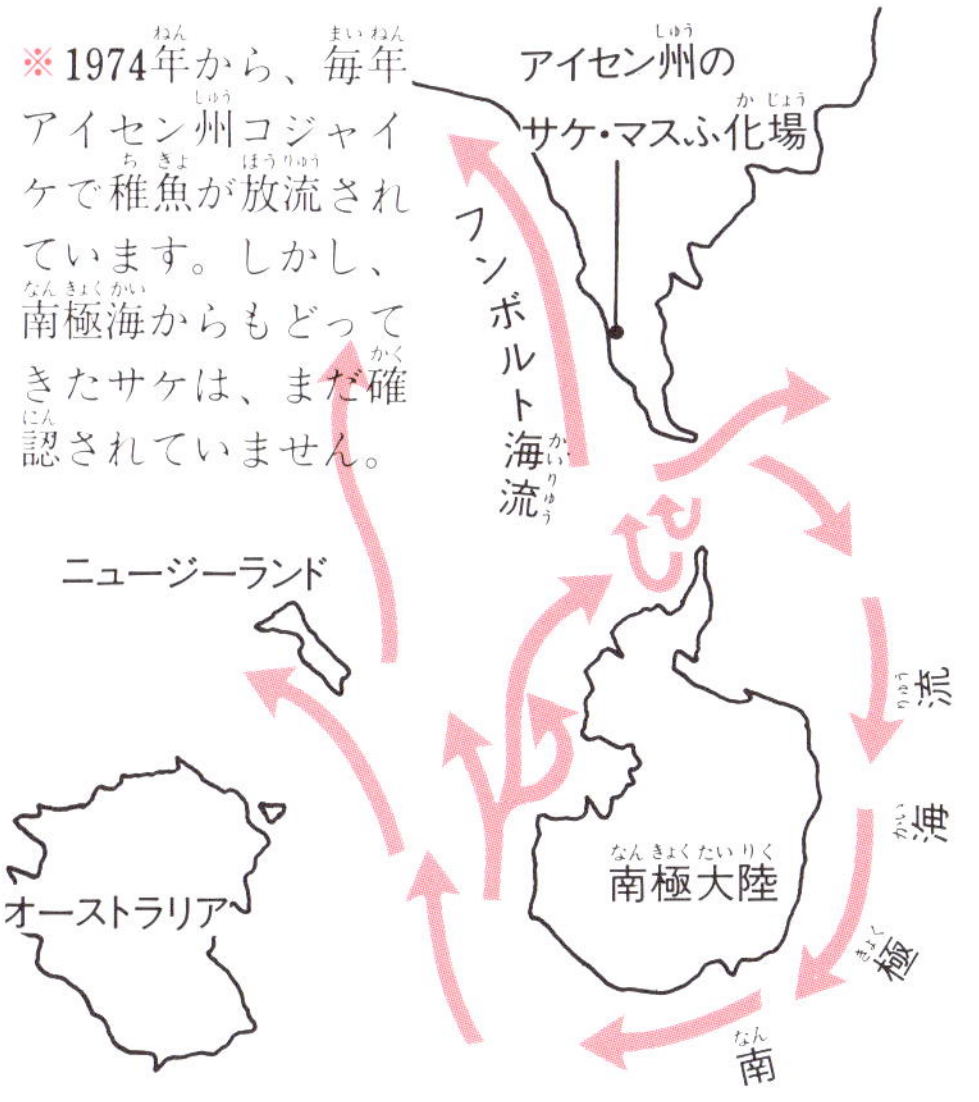

※1974年《ねん》から、毎年《まいねん》アイセン州《しゅう》コジャイケで稚魚《ちぎょ》が放流《ほうりゅう》されています。しかし、南極海《なんきょくかい》からもどってきたサケは、まだ確認《かくにん》されていません。

能力《のうりょく》をいかして回遊《かいゆう》していると考《かんが》えるのが正《ただ》しいようです。結論《けつろん》は、今後《こんご》の研究《けんきゅう》を待《ま》たなければなりません。

さて、沿岸近《えんがんちか》くまで回遊《かいゆう》してきたサケが、今度《こんど》は、自分《じぶん》の生《う》まれた川《かわ》のにおいをたよりに、川《かわ》をのぼりはじめるということは、まちがいなさそうです。川《かわ》の水《みず》には、いろいろな物質《ぶっしつ》がとけこんでいて、川《かわ》によって、それぞれにおいがちがいます。

サケが、そのにおいの中《なか》で、どの物質《ぶっしつ》をかぎ分《わ》けているのかは、まだわかっていませんが、なにか特定《とくてい》のにおいではなく、川《かわ》にとけこんでいるいろいろなにおいをおぼえているのではないかといわれています。

サケの卵《たまご》を、いままでサケのすんでいなかった川《かわ》や、サケがもういなくなってしまった川《かわ》にもっていき、サケの帰《かえ》ってくる川《かわ》にしようという試《こころ》みが、むかしからおこなわれています。これは、サケが、卵《たまご》のときではなく、ふ化《か》したときにいた川《かわ》の水《みず》のにおいを記憶《きおく》していて、それをたよりに、川《かわ》へ帰《かえ》ってくるという性質《せいしつ》を利用《りよう》したものです。

＊サケの人工《じんこう》ふ化《か》

⬆川《かわ》にもうけたさくで生《い》けどりにしたサケを捕獲場《ほかくじょう》へ運《はこ》びます。めすの腹《はら》を切《き》りさいて卵《たまご》をとりだします。

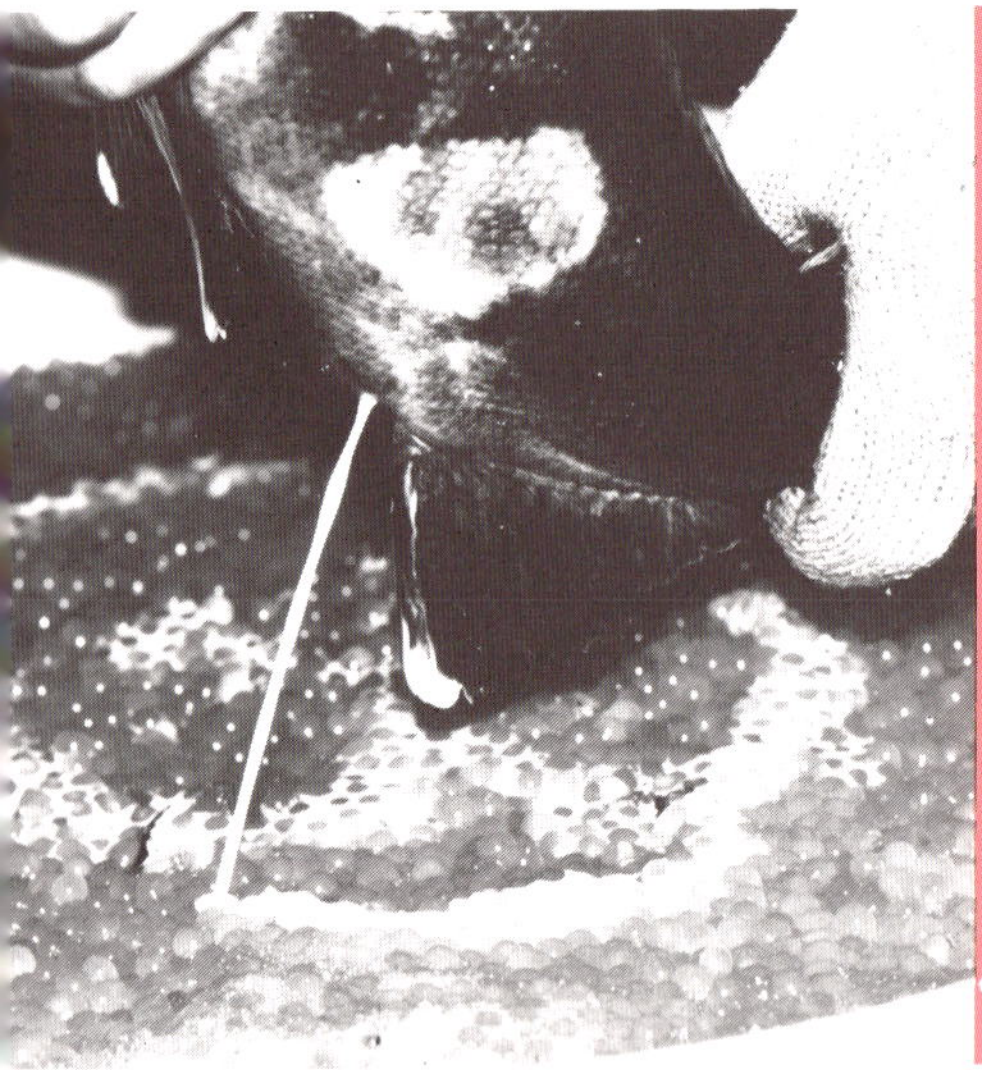

⬆卵《たまご》に，おすの精子《せいし》をまぜて受精《じゅせい》させます。おす１ぴきの精子《せいし》で，めす２～３びき分《ぶん》の卵《たまご》を受精《じゅせい》させます。

むかしは、北海道《ほっかいどう》から東北地方《とうほくちほう》にかけての川《かわ》のいたるところで、自然《しぜん》のままで産卵《さんらん》してふえたサケがとれていました。一七五〇年《ねん》には、石狩川《いしかりがわ》で二百万《ひゃくまん》びき以上《いじょう》もとれた記録《きろく》があります。

ところが、一八〇〇年《ねん》ごろから急《きゅう》に数《かず》が少《すく》なくなり、四十万《まん》びきぐらいしかとれなくなってしまいました。石狩川《いしかりがわ》の支流《しりゅう》で、札幌市内《さっぽろしない》を流《なが》れる豊平川《とよひらかわ》がありますす。豊平川《とよひらかわ》につづく北海道庁《ほっかいどうちょう》、植物園《しょくぶつえん》、北海道大学《ほっかいどうだいがく》などの池《いけ》でも、かつて、多《おお》くのサケが産卵《さんらん》していましたが、やはり、そのころからいなくなってしまいました。

アイヌの人たちは、サケを、神《かみ》の魚《さかな》（カムイチェプ）といってたいせつにし、じぶんたちが食《た》べる量《りょう》しかとりませんでした。人口《じんこう》が少《すく》なかったこともありますが、必要以上《ひつよういじょう》にとらなかったことが、サケを守《まも》るうえでたいせつなことだったのです。

サケを大量《たいりょう》にとるようになり、そのうえ、沖合《おきあい》で

⬆ふ化槽《かそう》で卵《たまご》からかえったばかりのサケの稚魚《ちぎょ》。やがて，川《かわ》や海《うみ》にはなされます。

⬆ふ化場内《かじょうない》のふ化槽《かそう》。いつも新鮮《しんせん》な水《みず》を流《なが》して，卵《たまご》に酸《さん》素《そ》を送《おく》りこんでいます。

⬆受精《じゅせい》した卵《たまご》のなかから，死《し》んだ卵《たまご》(白色《はくしょく》のもの)をぬきとっていきます。

若《わか》いサケまでとる技術《ぎじゅつ》が向上《こうじょう》して、このままではサケがいなくなってしまう危険《きけん》がでてきました。そこで、サケを人工的《じんこうてき》にふ化《か》させる方法《ほうほう》がとられるようになったのです。

外国《がいこく》の技術《ぎじゅつ》をとりいれ、一八八八年《ねん》に千歳《ちとせ》川《かわ》に本《ほん》格的《かくてき》な人工《じんこう》ふ化場《かじょう》がつくられました。その後《ご》北海道《ほっかいどう》ばかりでなく、東北地方《とうほくちほう》など各地《かくち》にもつくられ、多《おお》くの人《ひと》たちの努力《どりょく》のおかげで、現在《げんざい》みられるような大《おお》きな成果《せいか》となっているのです。

サケは、ハマチやニジマスなどのように、大《おお》きくなるまでえさをやって育《そだ》てる必要《ひつよう》はありません。卵《たまご》から稚魚《ちぎょ》になるまで育《そだ》てて、そのあとは、川《かわ》や海《うみ》へはなします。自分《じぶん》でえさをとって大《おお》きくなり、ふたたびもどってきてくれるからです。

しかし、そのためには、漁業《ぎょぎょう》でとる量《りょう》を規制《きせい》したり、川《かわ》や海《うみ》の環境《かんきょう》を、サケのすめる状態《じょうたい》に保《たも》ったりすることに、じゅうぶんな注意《ちゅうい》がはらわれなければなりません。

● サケの全国漁獲高《ぜんこくぎょかくだか》と稚魚《ちぎょ》の放流数《ほうりゅうすう》

（農林水産省水産統計課および水産庁振興部資料より作図）

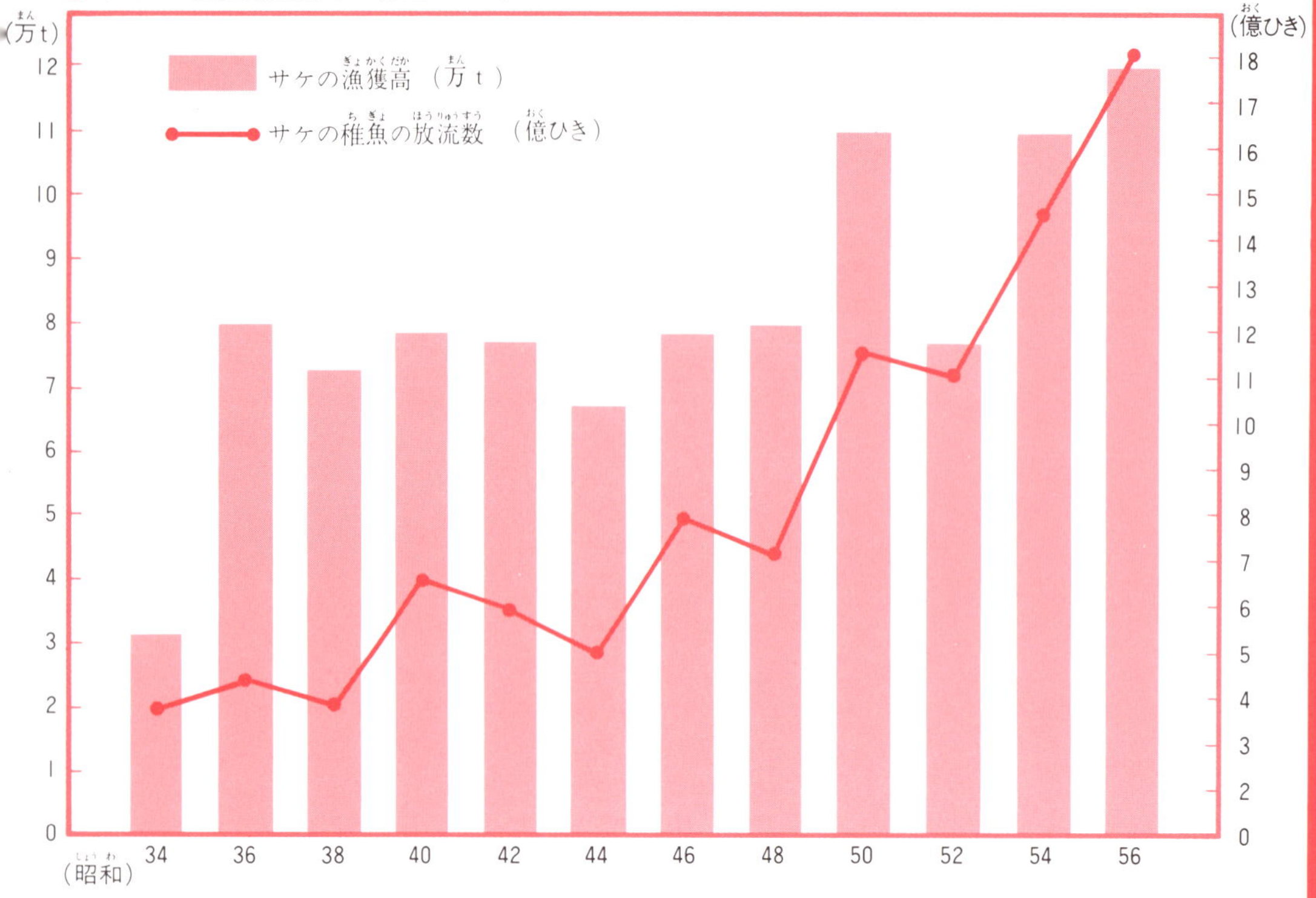

近年《きんねん》、人工《じんこう》ふ化事業《かじぎょう》の成功《せいこう》により、サケの数《かず》はふえてきました。これは、食料資源《しょくりょうしげん》の確保《かくほ》という点《てん》では、喜《よろこ》ばしいことです。

しかし、サケの数《かず》がふえたのは、川《かわ》がきれいになって、サケがすみやすい環境《かんきょう》になったからではないのです。実際《じっさい》には、護岸工事《ごがんこうじ》がされたり、ダムがつぎつぎにつくられたり、廃水《はいすい》の影響《えいきょう》などで川《かわ》がよごれたりして、サケにとって、悪《わる》い環境《かんきょう》になっているところの方《ほう》が多《おお》いといっていいでしょう。

現在《げんざい》、日本産《にっぽんさん》のサケのほとんどは、河口《かこう》ふ近《きん》で捕獲《ほかく》され、人工《じんこう》ふ化《か》によって育《そだ》てられています。それは、サケを自然《しぜん》のままで産卵《さんらん》させようとしても、途中《とちゅう》で密漁《みつりょう》されたり、産卵《さんらん》できる場所《ばしょ》がととのっていなかったりするからです。

このようなサケのすがたをみて、札幌市民《さっぽろしみん》

1981年《ねん》，豊平川《とよひらかわ》の支流《しりゅう》に帰《かえ》ってきたサケをみまもる人《ひと》びと。えん堤《てい》をこえようとジャンプするサケ(円内《えんない》)。〈読売新聞社提供〉

1979年《ねん》３月，「元気《げんき》で帰《かえ》ってきてね！」と，豊平川《とよひらかわ》にサケの稚魚《ちぎょ》を放流《ほうりゅう》する子《こ》どもたち。〈共同通信社提供〉

のなかから、「さっぽろサケの会《かい》」がつくられました。会《かい》では、一九七八年《ねん》、百万《ひゃくまん》びきのサケの稚魚《ちぎょ》を放流《ほうりゅう》し、サケが帰《かえ》ってこられるような川《かわ》の環境《かんきょう》にしようと運動《うんどう》をはじめました。これがきっかけとなり、その後《ご》、全国各地《ぜんこくかくち》にカムバック・サーモン運動《うんどう》が、高《たか》まってきています。サケをとおして、川《かわ》の環境《かんきょう》をみ直《なお》そうというものです。

ところが、東京都《とうきょうと》の多摩川《たまがわ》のように、よごれのひどい川《かわ》に稚魚《ちぎょ》を放流《ほうりゅう》するのは、問題《もんだい》があるという意見《いけん》もあります。また、札幌市《さっぽろし》の豊平川《とよひらかわ》にサケはもどってきたけれど、産卵《さんらん》する場所《ばしょ》がないという報告《ほうこく》もあります。

サケをめぐる問題《もんだい》はまだまだ山積《やまづ》みです。でも、問題《もんだい》をひとつひとつ解決《かいけつ》し、根気《こんき》よく川《かわ》の環境《かんきょう》をととのえ、サケと人間《にんげん》が、ともにくらしていけるような川《かわ》や海《うみ》をとりもどしていかなくてはなりません。

あとがき

サケは、むかしから人間《にんげん》にとって、たいせつな食料《しょくりょう》でした。乱獲《らんかく》によって、一時《いちじ》はすっかりへってしまいましたが、人工《じんこう》ふ化《か》事業《じぎょう》をはじめ、いろいろな人《ひと》たちの努力《どりょく》によって、現在《げんざい》みられるようなすばらしい成果《せいか》となっています。

サケは、わたしたちにとって重要《じゅうよう》なたんぱく源《げん》として、ますます世界《せかい》の注目《ちゅうもく》をあびようとしています。そして、カムバック・サーモン運動《うんどう》にみられるように、サケをとおして、自分《じぶん》たちのすんでいる環境《かんきょう》をみ直《なお》そうという人《ひと》びとも、多《おお》くあらわれてきています。

食料《しょくりょう》として、からだの栄養《えいよう》になっていたのが、最近《さいきん》では、精神的《せいしんてき》な栄養《えいよう》にもなってきていると言《い》えるのではないでしょうか。サケとは、たいへんな魚《さかな》なのだと、あらためて思《おも》い直《なお》しています。

サケのおかげで、いろいろな方《かた》がたと知《し》りあいになれました。また、生命《せいめい》のたいせつさ、力強《ちからづよ》さ、すばらしさも教《おし》えてもらいました。これは、わたしにとって、かけがえのない財産《ざいさん》です。

サケとの出《で》あいがきっかけで、とうとう、北海道《ほっかいどう》にすみついてしまいました。ここでは、すぐ近《ちか》くでサケをみることができます。これからも、サケと、サケをとりまくさまざまなことを、ここ弟子屈原野《てしかがげんや》から、じっくりながめてみたいと考《かんが》えています。

桜井淳史《さくらいあつし》
（一九八二年十月）

NDC487

桜井淳史
科学のアルバム　動物・鳥 14
サケのたんじょう

あかね書房 1983
54P　23×19cm

科学のアルバム

サケのたんじょう

著者　桜井淳史

一九八三年一〇月初版
二〇〇五年 四 月新装版第一刷
二〇二三年一〇月新装版第一六刷

発行者　岡本光晴
発行所　株式会社 あかね書房
〒一〇一－〇〇六五
東京都千代田区西神田三－二－一
電話〇三－三二六三－〇六四一（代表）
https://www.akaneshobo.co.jp

印刷所　株式会社 精興社
写植所　株式会社 田下フォト・タイプ
製本所　株式会社 難波製本

ISBN978-4-251-03381-9
定価は裏表紙に表示してあります。
落丁本・乱丁本はおとりかえいたします。

○表紙写真
・ふ化《か》したばかりのサケの稚魚《ちぎょ》
○裏表紙写真（上から）
・河口《かこう》の沖合《おきあい》でジャンプするサケ
・波間《なみま》に群《む》れるサケ
・産卵床《さんらんしょう》をつくるめすと、よりそうおす
○扉写真
・川《かわ》をくだる稚魚《ちぎょ》
○もくじ写真
・河口《かこう》の沖合《おきあい》でジャンプするサケ

科学のアルバム

全国学校図書館協議会選定図書・基本図書
サンケイ児童出版文化賞大賞受賞

虫

モンシロチョウ
アリの世界
カブトムシ
アカトンボの一生
セミの一生
アゲハチョウ
ミツバチのふしぎ
トノサマバッタ
クモのひみつ
カマキリのかんさつ
鳴く虫の世界
カイコ まゆからまゆまで
テントウムシ
クワガタムシ
ホタル 光のひみつ
高山チョウのくらし
昆虫のふしぎ 色と形のひみつ
ギフチョウ
水生昆虫のひみつ

植物

アサガオ たねからたねまで
食虫植物のひみつ
ヒマワリのかんさつ
イネの一生
高山植物の一年
サクラの一年
ヘチマのかんさつ
サボテンのふしぎ
キノコの世界
たねのゆくえ
コケの世界
ジャガイモ
植物は動いている
水草のひみつ
紅葉のふしぎ
ムギの一生
ドングリ
花の色のふしぎ

動物・鳥

カエルのたんじょう
カニのくらし
ツバメのくらし
サンゴ礁の世界
たまごのひみつ
カタツムリ
モリアオガエル
フクロウ
シカのくらし
カラスのくらし
ヘビとトカゲ
キツツキの森
森のキタキツネ
サケのたんじょう
コウモリ
ハヤブサの四季
カメのくらし
メダカのくらし
ヤマネのくらし
ヤドカリ

天文・地学

月をみよう
雲と天気
星の一生
きょうりゅう
太陽のふしぎ
星座をさがそう
惑星をみよう
しょうにゅうどう探検
雪の一生
火山は生きている
水 めぐる水のひみつ
塩 海からきた宝石
氷の世界
鉱物 地底からのたより
砂漠の世界
流れ星・隕石